幼稚園數學
智力潛能開發❸

何秋光　著

新雅文化事業有限公司
www.sunya.com.hk

作者介紹

　　何秋光是中國著名幼兒數學教育專家、「兒童數學思維訓練」課程的創始人，北京師範大學實驗幼稚園專家。從業 40 餘年，是中國具豐富的兒童數學教學實踐經驗的學前教育專家。自 2000 年至今，由何秋光在北京師範大學實驗幼稚園創立的數學特色課「兒童數學思維訓練」一直深受廣大兒童、家長及學前教育工作者的喜愛。

幼稚園數學智力潛能開發③

作　　　者：何秋光
責任編輯：趙慧雅
美術設計：蔡學彰
出　　　版：新雅文化事業有限公司
　　　　　　香港英皇道 499 號北角工業大廈 18 樓
　　　　　　電話：（852）2138 7998
　　　　　　傳真：（852）2597 4003
　　　　　　網址：http://www.sunya.com.hk
　　　　　　電郵：marketing@sunya.com.hk
發　　　行：香港聯合書刊物流有限公司
　　　　　　香港荃灣德士古道220-248號荃灣工業中心16樓
　　　　　　電話：（852）2150 2100
　　　　　　傳真：（852）2407 3062
　　　　　　電郵：info@suplogistics.com.hk
印　　　刷：中華商務彩色印刷有限公司
　　　　　　香港新界大埔汀麗路36號
版　　　次：二〇一九年六月初版
　　　　　　二〇二二年十月第四次印刷

ISBN: 978-962-08-7284-6
©2019 Sun Ya Publications (HK) Ltd.
18/F, North Point Industrial Building, 499 King's Road, Hong Kong
Published in Hong Kong SAR, China
Printed in China

前言

　　本系列是專為 3 至 6 歲兒童編寫的數學益智遊戲類圖書，讓兒童有系統地學習數學知識與訓練數學思維。全套共有 6 冊，全面展示兒童在幼稚園至初小階段應掌握的數學概念。

　　本系列根據兒童數學的教育目標和內容編寫而成，並配合兒童邏輯思維發展和認知能力，按照各年齡階段所應掌握的數學認知概念的先後順序，提供了數、量、形、空間、時間及思維等方面的訓練。在學習方式上，兒童可以通過觀察、剪貼、填色、連線、繪畫、拼圖等多種形式來進行活動，從而培養兒童對數學的興趣。

　　每冊的內容結合了數學和生活認知兩大方面，引導兒童發現原來生活中許多問題都與數學息息相關，並透過有趣而富挑戰性的遊戲，開發孩子的數學潛能，希望兒童能夠從這套圖書中獲得更多的數學知識和樂趣。

六冊學習大綱

冊數	數學概念	學習範疇
第1冊	比較和配對	按大小、圖案、外形和特性配對
	分類	相同和不相同；按大小、顏色、形狀、特徵分類
	比較和排序	按大小、長短、高矮、規律排序
	幾何圖形	正方形、三角形、圓形
	空間和方位	上下、裏外
	時間	早上和晚上
	1 和許多	認識1的數字和數量；比較1和許多的分別
	認識5以內的數	認識1-5的數字和數量
第2冊	分類	相同和不相同、按特徵分類、一級分類、多角度分類
	比較和排序	規律排序、比較大小、長短、高矮、粗幼、厚薄和排序
	空間和方位	上下、中間、旁邊、前後、裏外
	幾何圖形	正方形、長方形、梯形、三角形、圓形、半圓形、橢圓形、圖形組合、圖形規律、圖形判斷
第3冊	10 以內的數	1-10的數字和數量、數量比較、序數、10 以內相鄰兩數的關係、相鄰兩數的轉換、10 以內的數量守恆
	思維訓練綜合練習	序數、數數、方向、規律、排序、邏輯推理

冊數	數學概念	學習範疇
第4冊	分類	按兩個特徵組圖、按屬性分類、按關係分類、多角度分類、分類與統計
	規律排序	規律排序、遞增排序、遞減排序、自定規律排序
	正逆排序	按大小、長短、高矮、闊窄、厚薄、輕重、粗幼排序
	守恆和量的推理	長短、面積、體積、量的推理、測量與函數的關係
	空間和方位	上下、裏外、遠近、左右
	時間	正點、半點、時間和順序、月曆
第5冊	平面圖形	正方形、長方形、圓形、三角形、梯形、菱形、圖形比較、圖形組合、圖形創意
	立體圖形	正方體、長方體、球體、圓柱體、形體判斷、形體組合
	等分	二等分、四等分、辨別等分、數的等分
	數的比較	大於、少於、等於
	10 以內的數	單數和雙數、序數、相鄰數、數量守恆
	添上和去掉	加與減的概念
	書寫數字0-10	數字的寫法
第6冊	5 以內的加減	2-5的基本組合、加法應用題、減法應用題、多角度分類、橫式、直式
	10 以內的加減	6-10的基本組合、加法應用題、減法應用題、多角度分類、橫式、直式

目錄

10 的數字和數量

數量和數字的比較

10 以內的序數

10 以內的相鄰數

10 以內的數量守恆

思維訓練綜合練習

認識數字 5
5 像什麼

請你按照虛線描畫數字 5（星星表示起始筆畫，圓點表示結束位置），然後看一看它像什麼。

5 的形成
小動物一起玩

請你數一數原先有多少隻小狗在堆城堡。後來又來了 1 隻小狗，想一想，
4 隻加上 1 隻共有多少隻小狗。

下面哪組動物共有 5 隻？請你把該圖下面的方格填上顏色。

複習 5 以內的數（一）

小動物真可愛

請你數一數下面各圖中動物的數量，然後把正確的數字圈起來。

複習 5 以內的數（二）
漂亮的小花

請你數一數下面各圖中花朵的數量，然後把相同數量的方格填上顏色。

複習 5 以內的數（三）
小動物和火腿腸

請你從卡紙頁剪下火腿腸活動卡，然後數一數每組動物的數量，把火腿腸卡按動物的數量分別貼在碟子上。

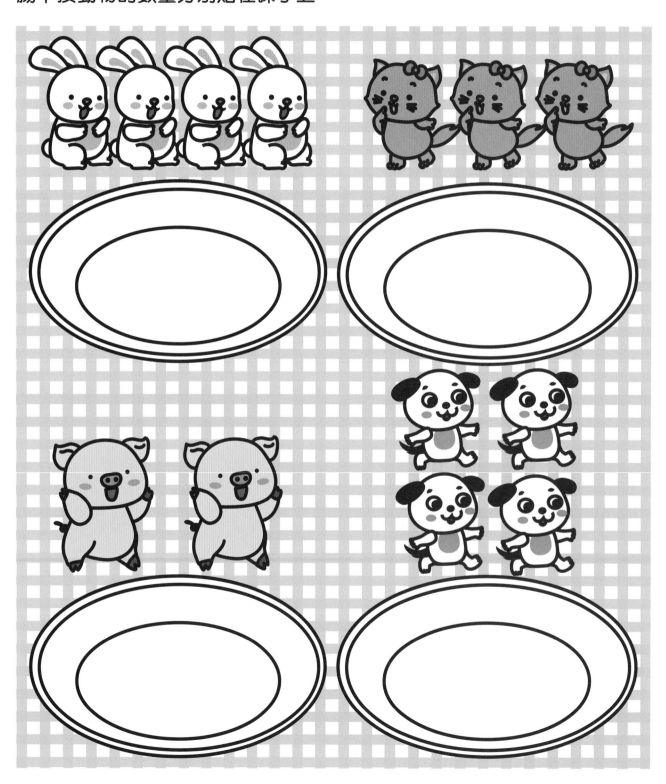

認識數字 6
6 像什麼

請你按照虛線描畫數字 6（星星表示起始筆畫，圓點表示結束位置），然後看一看它像什麼。

6 的形成
6 隻小猴子

請你數一數原先有多少隻小猴子在玩耍。後來又來了 1 隻小猴子,請你把牠填上顏色,然後想一想,5 隻加上 1 隻共有多少隻小猴子。

下面哪組昆蟲共有 6 隻?請你把該組下面的方格填上顏色。

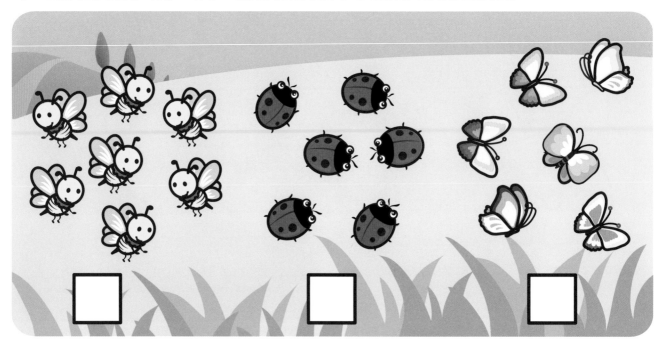

複習 6 以內的數（一）
可愛的小動物

請你數一數下面每組小動物有多少隻，然後把相同數量的圓形填上顏色。

數學概念
6 的數字和數量

複習 6 以內的數（二）
豐收的水果

請你數一數每隻小動物有多少個水果，然後把小動物跟寫着相同數字的水果籃連起來。

複習 6 以內的數（三）
參觀動物園

小男孩去參觀動物園，他必須順着動物數量是 6 的路線走，請你用線把正確路線畫出來。

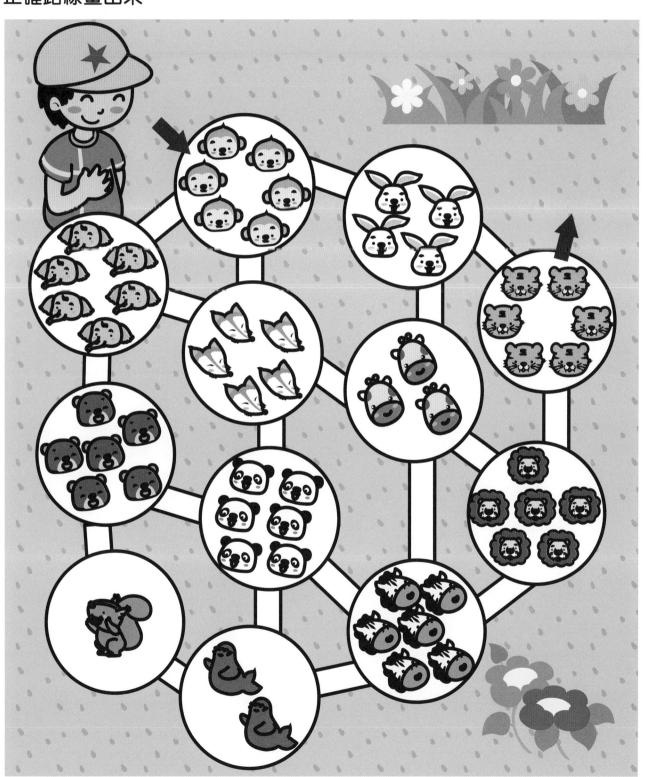

複習 6 以內的數（四）

畫畫看

請你數一數下面每組小動物有多少隻，然後在方框裏畫上相同數量的圓點。

認識數字 7
7 像什麼

請你按照虛線描畫數字 7（星星表示起始筆畫，圓點表示結束位置），然後看一看它像什麼。

7 的形成
添畫多少個

下面每組水果要再畫多少個才等於 7 個呢？請你畫一畫。

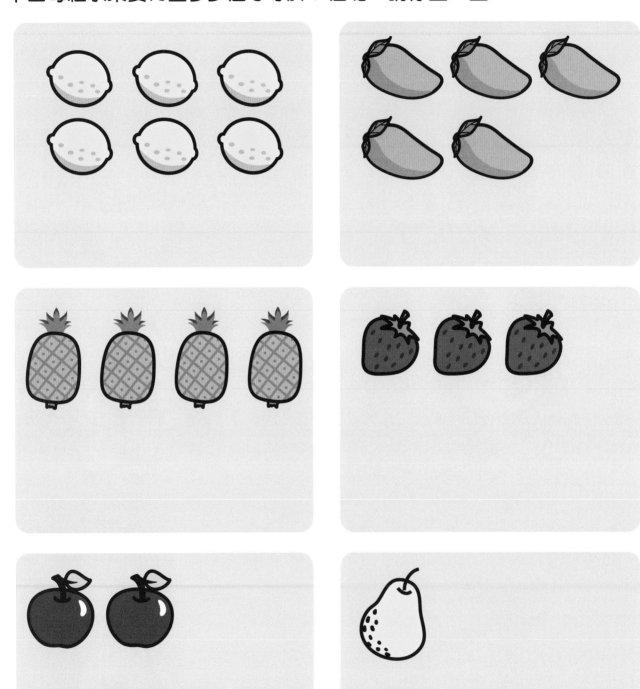

複習 7 以內的數（一）
乘客有多少

請你分別數一數下面每輛車上的乘客數量，然後從卡紙頁剪下數字活動卡，貼在正確的方格裏。

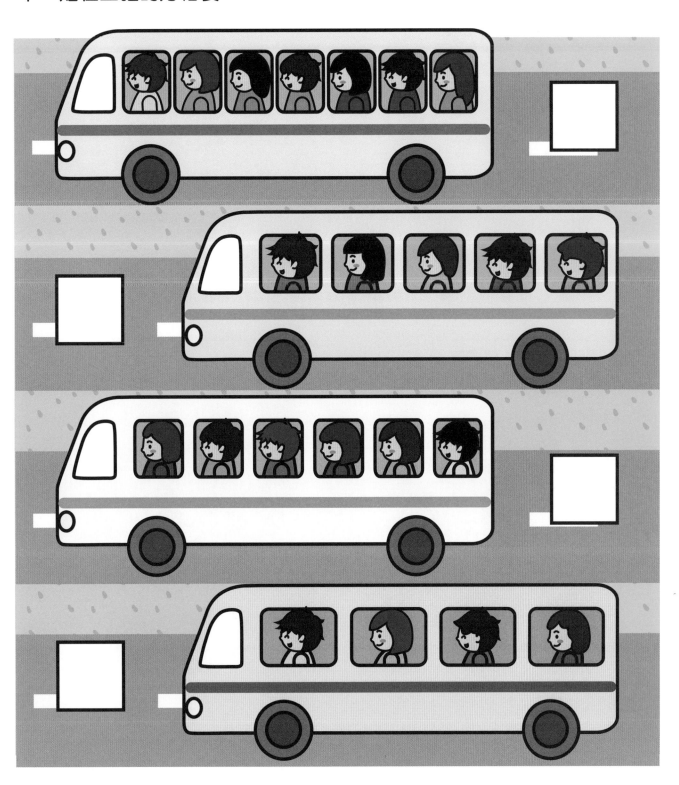

複習 7 以內的數（二）

各種各樣的小花

請你分別數一數下面每個花盆裏有多少朵花，然後把正確的數字圈起來。

5 6 7

4 5 6

5 6 7

5 6 7

複習 7 以內的數（三）

小兔子回家

小兔子要拔 7 個蘿蔔才能回家，請你幫牠找出最合適的路線，然後用線把它畫出來。

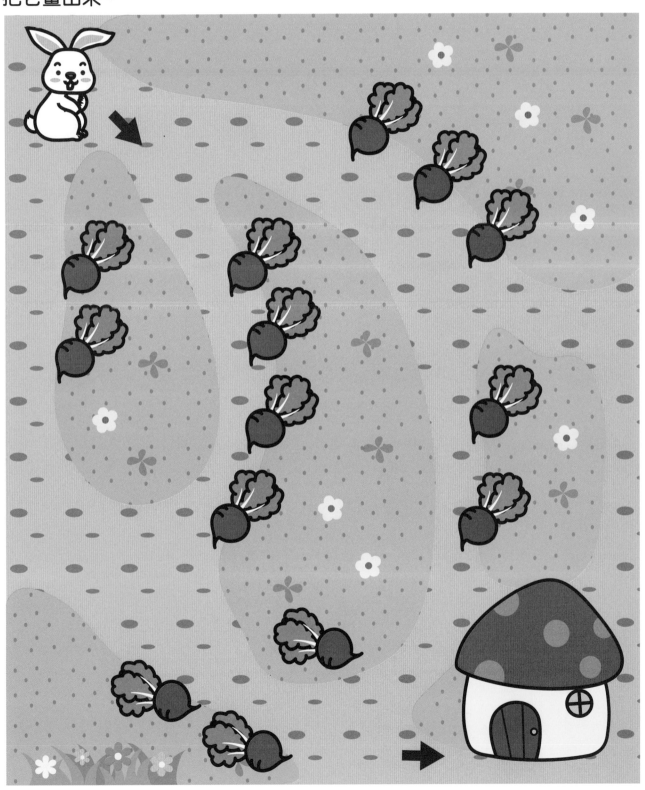

複習 7 以內的數（四）
畫 圓 點

請你仔細觀察左邊的物品，然後數一數它們各有多少，並在右邊的方格裏畫上相同數量的圓點。

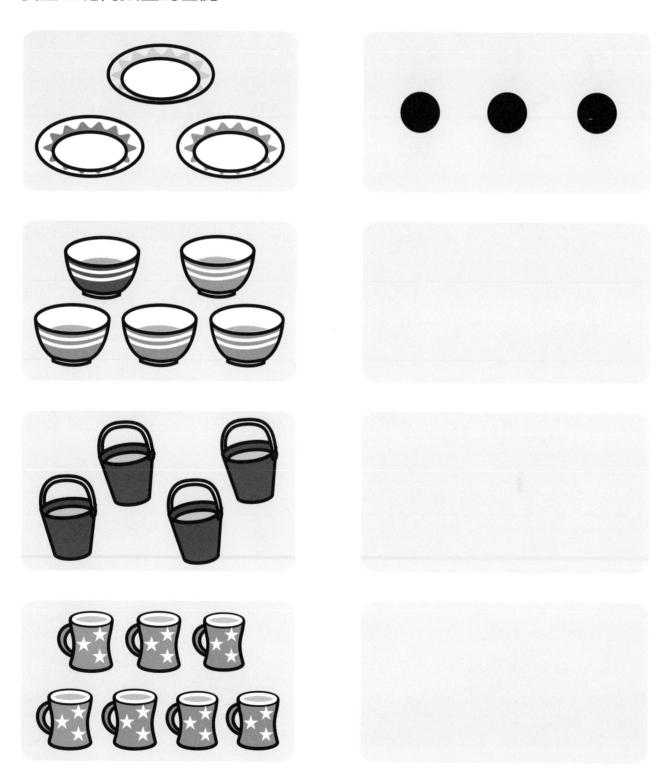

認識數字 8
8 像什麼

請你按照虛線描畫數字 8（星星表示起始筆畫，圓點表示結束位置），然後看一看它像什麼。

8 的形成
畫畫塗塗

下面這組燈籠要再畫多少個才等於 8 個呢？請你畫一畫。

下面哪組動物一共有 8 隻？請你把該組下面的方格填上顏色。

數學概念
8 的數字和數量

複習 8 以內的數（一）
果園裏

請你從卡紙頁剪下水果活動卡，然後按照樹上的數字，把相同數量的活動卡貼在正確的樹上。

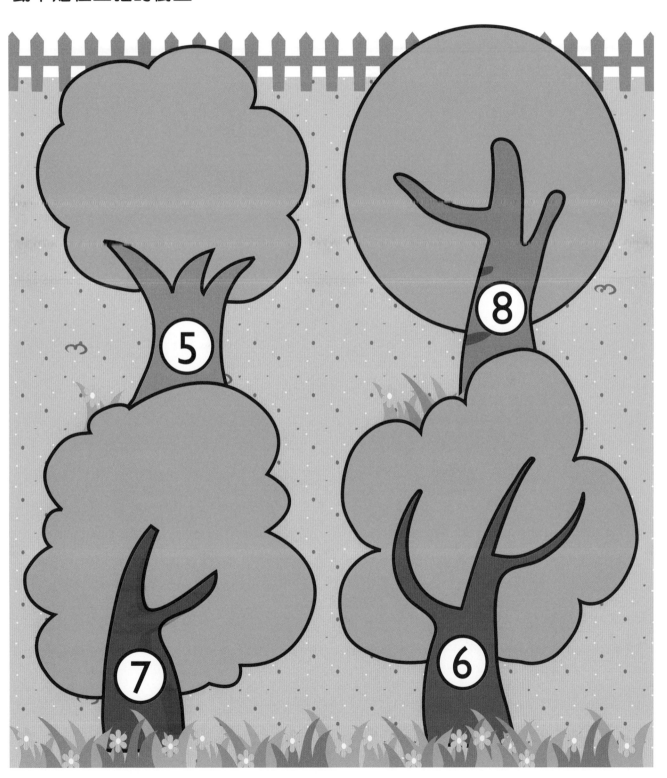

複習 8 以內的數（二）

小球員

請你看一看小球員身上的數字，然後用線把小球員跟相同數字的球衣連起來。

複習 8 以內的數（三）
小動物和小花朵

請你用線把數量相同的小動物和小花朵連起來。

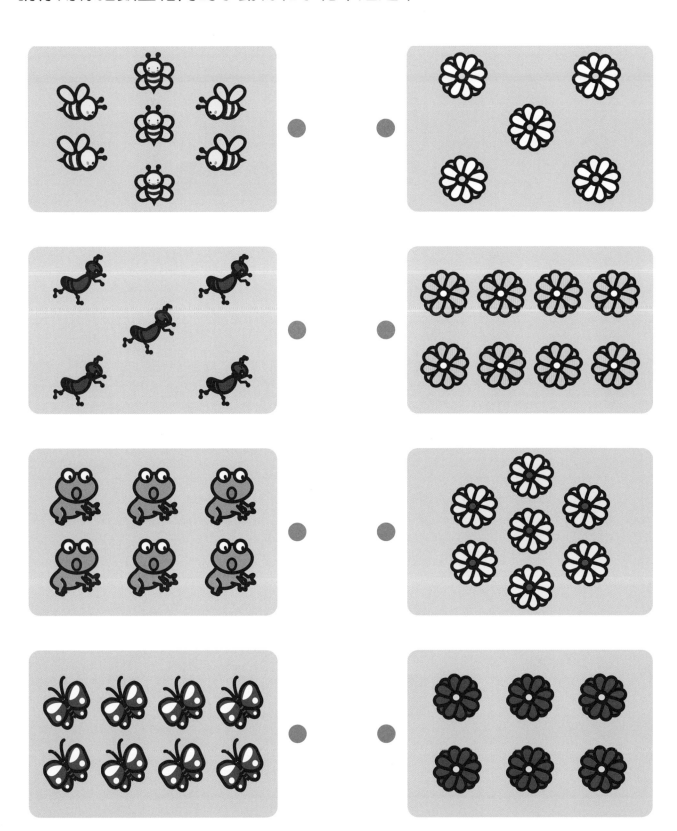

複習 8 以內的數（四）

圖形遊戲

下面每組圖形要再畫多少個才等於 8 個呢？請你畫一畫。

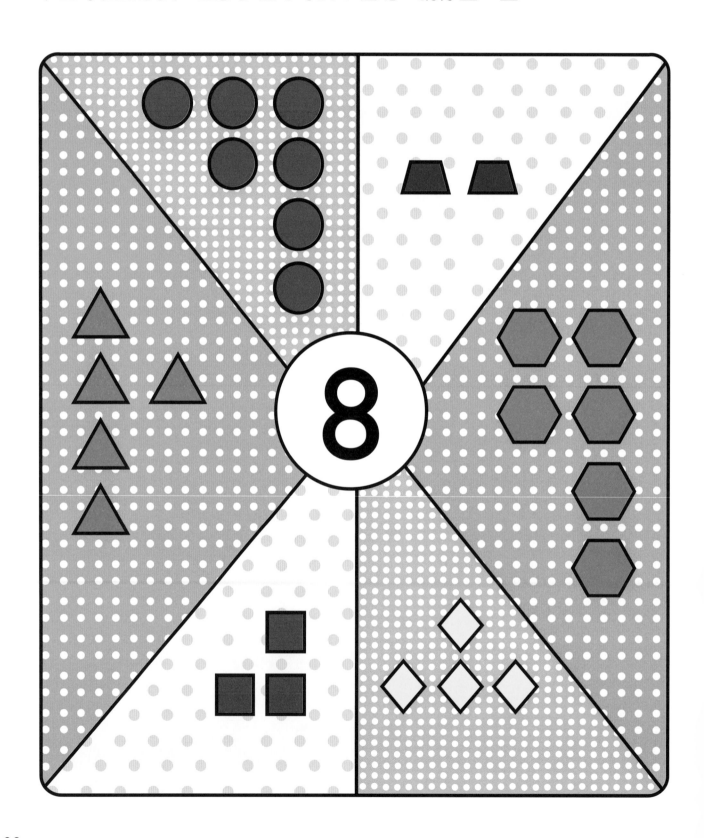

認識數字 9
9 像什麼

請你按照虛線描畫數字 9（星星表示起始筆畫，圓點表示結束位置），然後看一看它像什麼。

9 的形成
森林裏

請你數一數森林裏原先有多少隻小動物。後來又來了 1 匹小馬。請把小馬填上顏色，然後想一想，8 隻加上 1 隻是多少隻動物。

數學概念
9 的數字和數量

複習 9 以內的數（一）
小貓和小魚

請你從卡紙頁剪下小魚活動卡，然後按照小貓手上舉起的數字號牌，把相同數量的活動卡貼在魚缸裏。

複習 9 以內的數（二）
魚缸裏的小魚兒

請你數一數下面每個魚缸裏的小魚數量，然後圈出正確的數字。

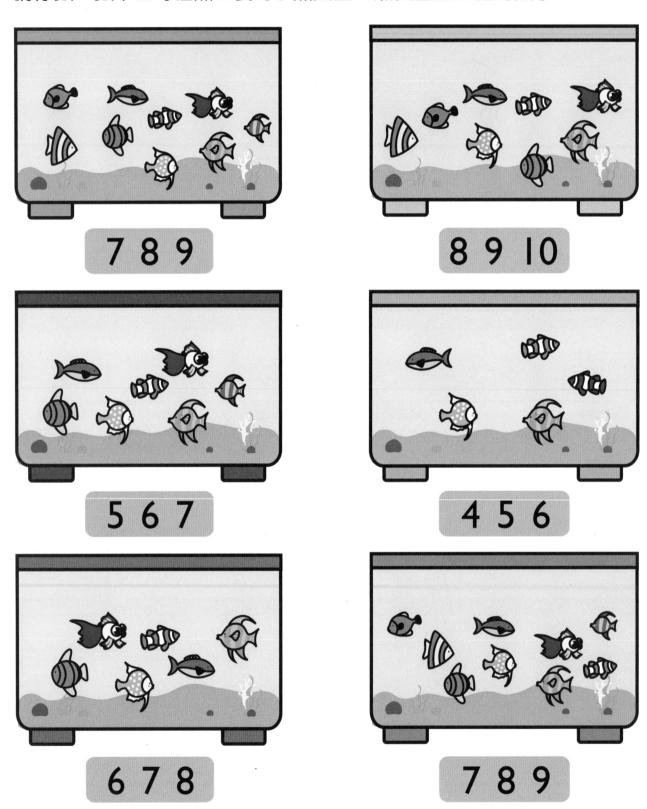

7 8 9

8 9 10

5 6 7

4 5 6

6 7 8

7 8 9

複習 9 以內的數（三）

塗 顏 色

請你按照小動物頭上的數字，把在牠們下方的方格填上顏色，數量跟數字相同。

複習 9 以內的數（四）
連連線

請你數一數左邊每幅圖畫中的物品有多少，然後用線把圖畫跟右邊相配的數字連起來。

6

5

9

4

8

7

複習 9 以內的數（五）
小蜜蜂採花蜜

小蜜蜂要沿着數量是 9 的花朵飛，才能到達紅花處採花蜜。請你用線把正確的路線畫出來。

複習 9 以內的數（六）

畫一畫

請你按照每個方框右下角的數字，在框裏畫出和數字一樣多的物品。

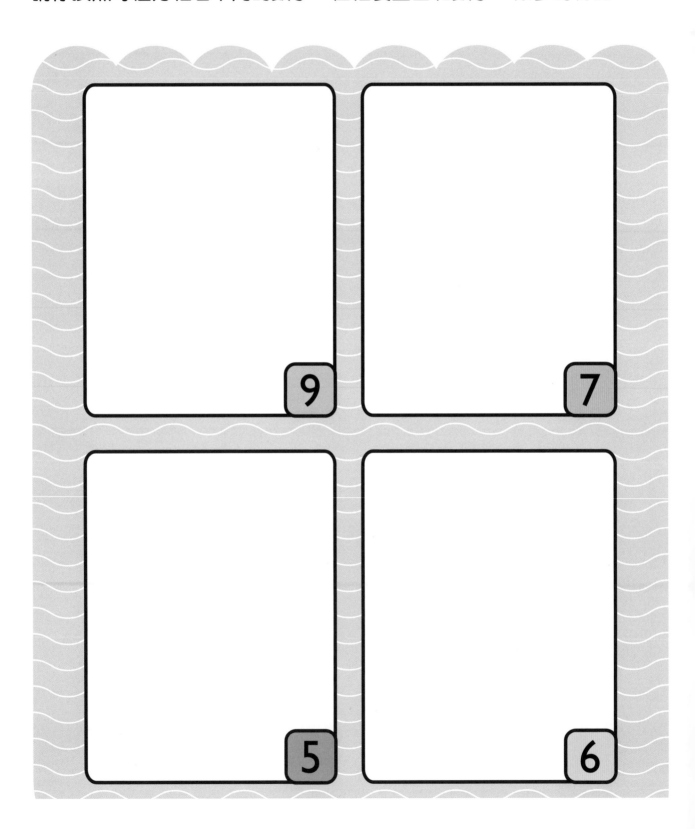

認識數字 10
10 像什麼

請你按照虛線描畫數字 10（星星表示起始筆畫，圓點表示結束位置），然後看一看它像什麼。

10 的形成
我們都是好朋友

請你數一數花園裏原先有多少個小朋友。後來又來了 1 位小朋友。請把小朋友填上顏色,然後想一想,9 個加上 1 個是多少個小朋友。

複習 10 以內的數（一）

母雞下蛋

請你數一數每隻母雞下蛋的數量，然後把數量是 10 的那組雞蛋填上顏色。

複習 10 以內的數（二）
小蜜蜂飛出迷宮

小蜜蜂必須沿着有 10 朵花的花圃飛，才能飛出迷宮，請你用線把正確的路線畫出來。

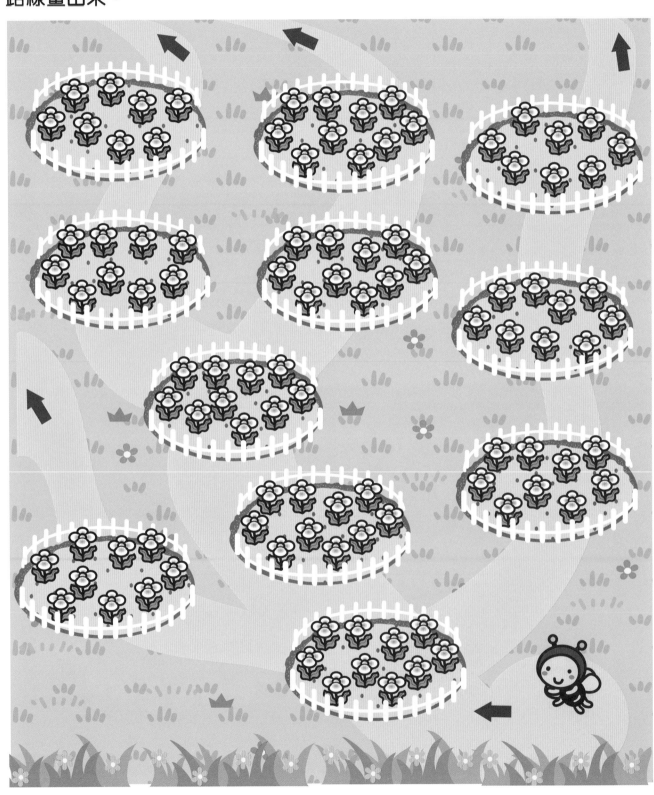

複習 10 以內的數（三）
小兔子和胡蘿蔔

請你看看小兔子衣服上的數字，然後用線把相同數量的胡蘿蔔跟小兔子連起來。

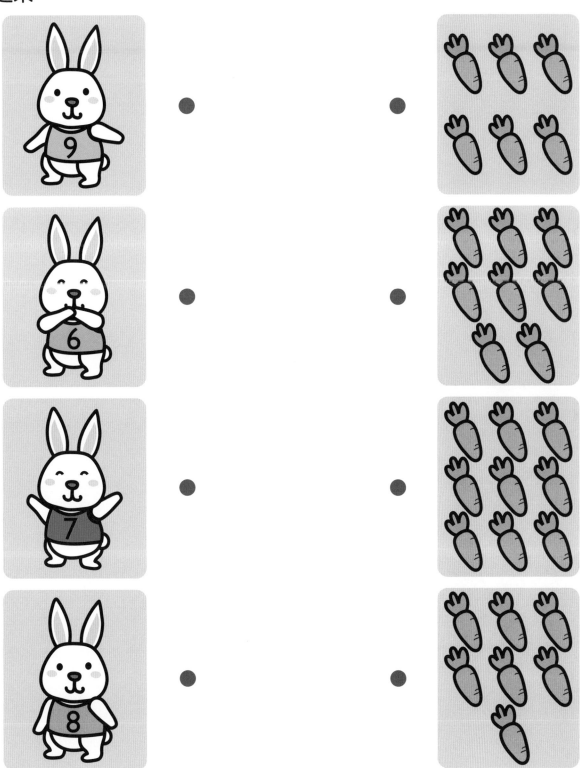

複習 10 以內的數（四）
玩具櫃

請你從卡紙頁剪下玩具活動卡，然後按照每行的數字，把相同數量的活動卡貼在空框裏。

5	
6	
8	
10	

複習 10 以內的數（五）

新鮮蔬菜

請你按照每組圖畫下面的數字，把相同數量的蔬菜填上顏色。

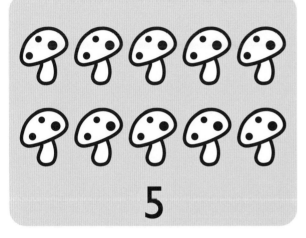

5

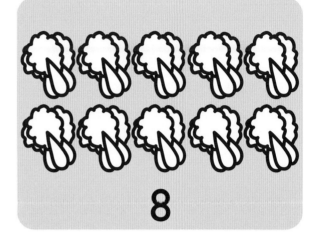

8

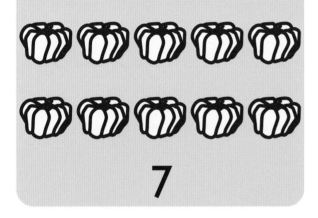

7

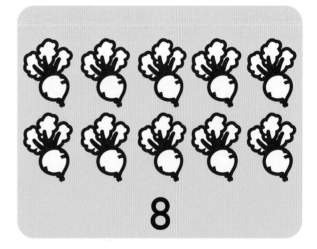

8

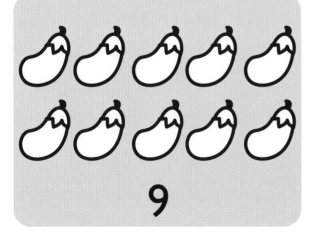

9

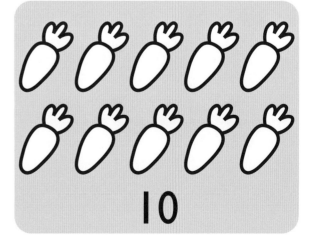

10

複習 10 以內的數（六）

畫畫水果

下面每組水果要再畫多少個才等於 10 呢？請你畫一畫。

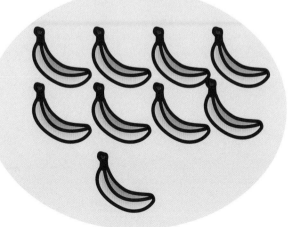

多與少（一）
哪一份較多

請你比較每組圖畫裏兩份東西的數量，然後把數量較多的一組圈起來。

多與少（二）
採摘大會

請你數一數每組圖畫裏兩隻小動物各有多少蔬果，然後把數量較多的一隻小動物旁邊的圓圈填上顏色。

多與少（三）
哪一份較少

請你比較每組圖畫裏兩份東西的數量，然後把數量較少的一組圈起來。

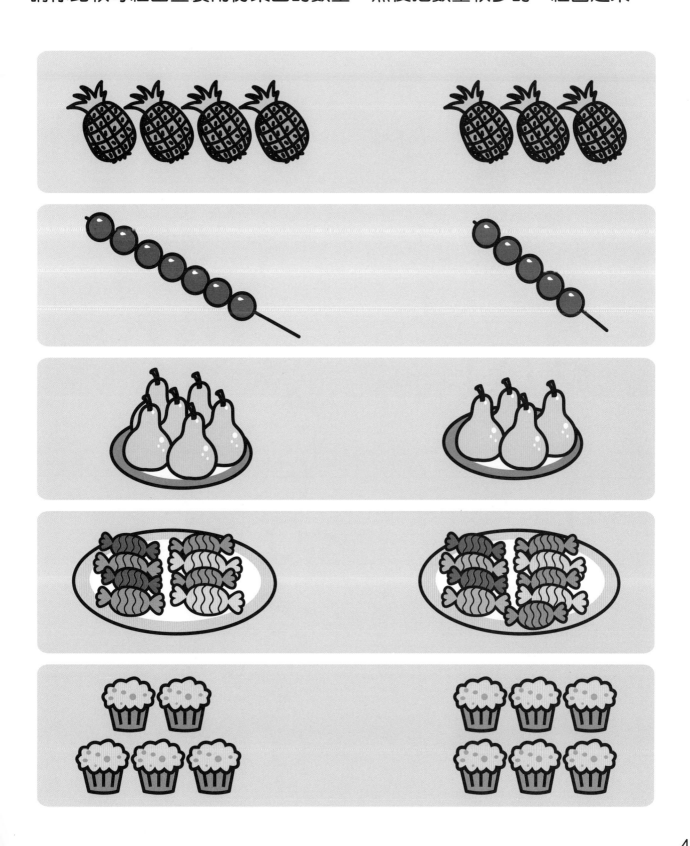

多與少（四）
雞媽媽孵小雞

雞媽媽正在孵小雞。如果每隻雞蛋都會孵出 1 隻小雞，哪隻雞媽媽孵出的小雞最多呢？請你把那隻雞媽媽的雞蛋填上顏色。

數字大小

誰最大

請你比較每盆花朵上的數字，然後把數字最大的那朵花圈起來。

數字排排隊（一）
小動物的家

請你看一看小動物分別住在第幾層，然後用線把小動物跟相配的樓層數字連起來。

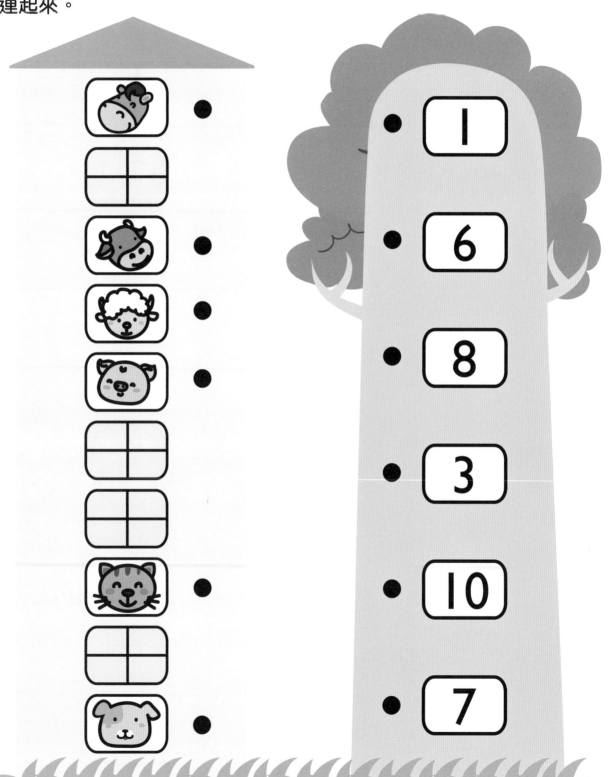

數字排排隊（二）
動物的小房子

請你觀察下面的圖畫，從最前面的一間房子往後數，在表格裏順序寫上數字 1-5（1 代表最前面，5 代表最後面）；再從最後面的一間房子往前數，在表格裏順序寫上數字 1-5（1 代表最後面，5 代表最前面）。

從前往後數					
從後往前數					

數字排排隊（三）
森林運動會

請你數一數，有多少隻動物參加運動會，在下面的空框裏畫上相同數量的圓點。誰跑第 1，便在牠頭上畫一朵花。誰跑第 4，便在牠頭上畫一個三角形。誰跑第 6，便在牠頭上畫一個圓形。

數字排排隊（四）

球衣號碼

請你從卡紙頁剪下數字活動卡，然後按照數字的順序，把活動卡貼到正確的球衣上。

數字排排隊（五）
齊來做體操

請你分別把第 1 排從左邊數第 4 位的小朋友圈起來，然後在第 2 排從右邊數的第 3 位小朋友的頭上畫一個三角形。

數字排排隊（六）
大樹房子

請你觀察每隻小動物住在第幾層，然後把小動物跟相配樓層的數字連起來。

數字排排隊（七）
動物大會

請你仔細觀察每組動物坐的位置，從左到右數一數，誰按照指示坐對了位置？把指示旁的方格填上顏色。

數字排排隊（八）
動物酒店

請你仔細觀察下面的圖畫，然後按指示回答問題。

1. 請找出住在第 4 層第 2 間房子的動物，並把牠圈出來。
2. 請找出住在第 2 層第 1 間房子的動物，並在牠的窗子上畫上 ✗ 。
3. 請找出住在第 3 層第 3 間房子的動物，並在牠的窗子上畫上一朵花。

數字排排隊（九）
動物排隊

請你從左邊開始數，小動物們分別排在第幾位，然後把牠們旁邊的方格填上顏色，排在第幾位便填上相同數量的方格。

相鄰兩數的關係（一）
各種各樣的交通工具

請你數一數左邊三角形的數量，然後把右邊的交通工具填上顏色，數量要比三角形多 1。最後說說三角形和交通工具的數量分別是多少。

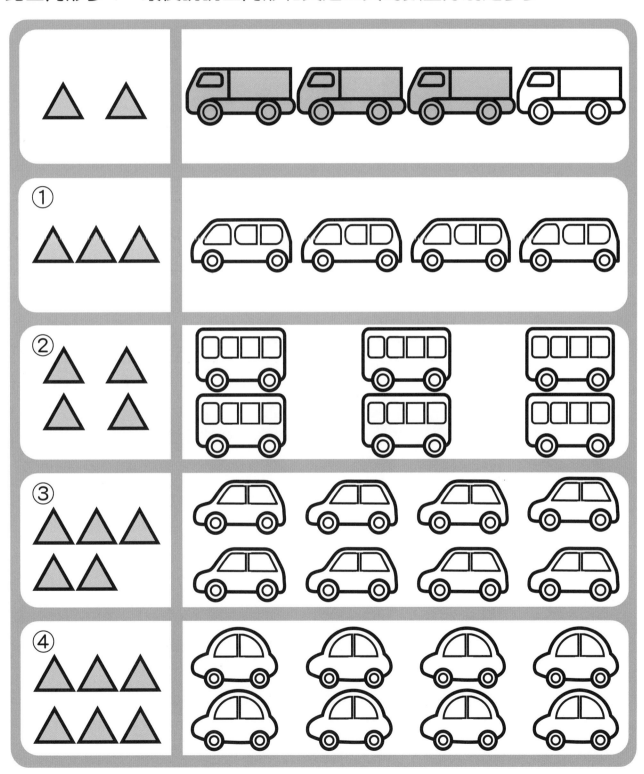

相鄰兩數的關係（二）
各種各樣的玩具

請你數一數每行玩具的數量，然後在左邊的空格裏畫上比玩具數量少 1 的圓點。最後說說圓點和玩具的數量分別是多少。

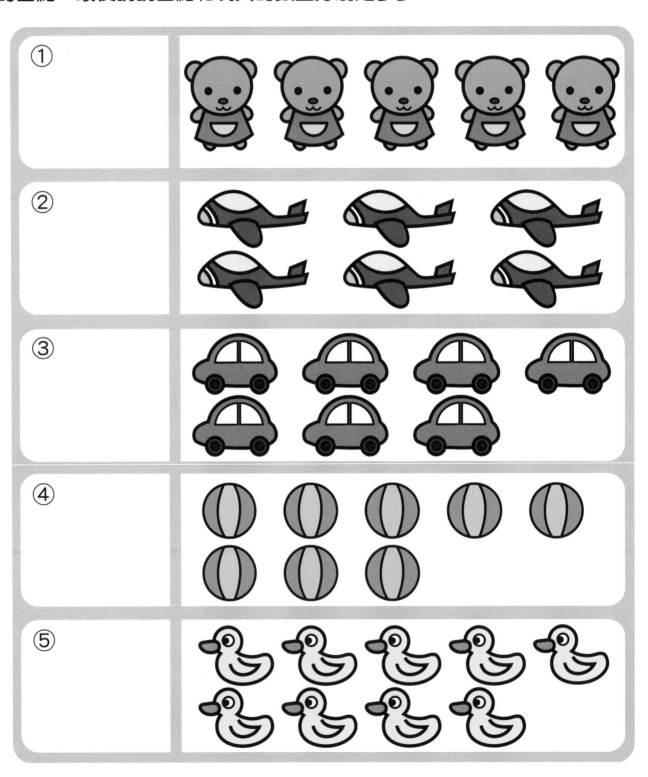

相鄰兩數的關係（三）
小動物

請你從卡紙頁剪下動物活動卡，然後在前面的格子裏貼上比中間一格少 1 隻的小動物活動卡，在後面格子裏貼上比中間一格多 1 隻的小動物活動卡。

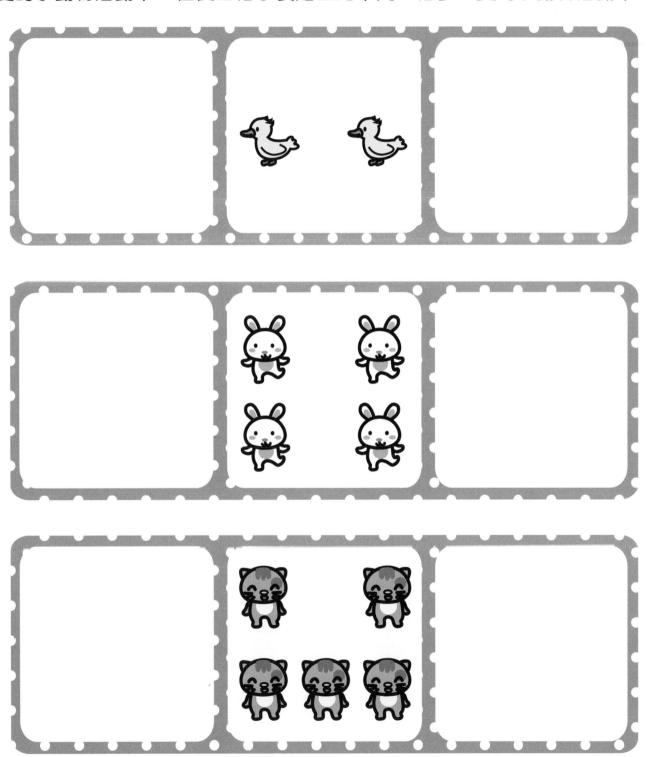

相鄰兩數的關係（四）
越來越多的水果

請你數一數下面的水果，如果每格裏的水果數量比前一格的多 1 個，那麼每格裏應畫上多少個水果呢？請你畫出來。

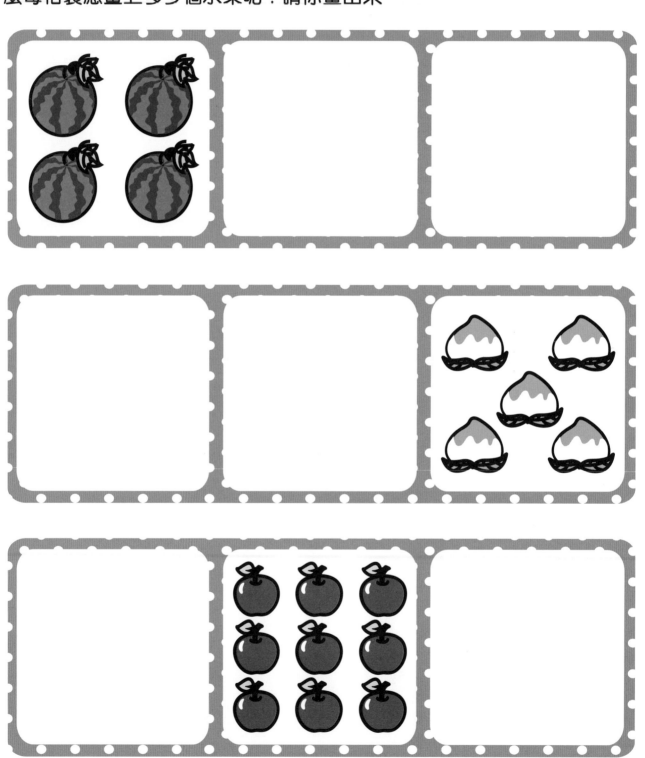

相鄰兩數的關係（五）
找朋友

請你仔細觀察下面每組小動物身上的數字，如果該組是相鄰數，便把圓圈填上顏色。如果不是相鄰數，便在圓圈裏畫上 ✗。

相鄰兩數的關係（六）
給水果填色

請你看看每個大蘋果上的數字，然後分別把比數字少 1 和多 1 的那組水果填上顏色。

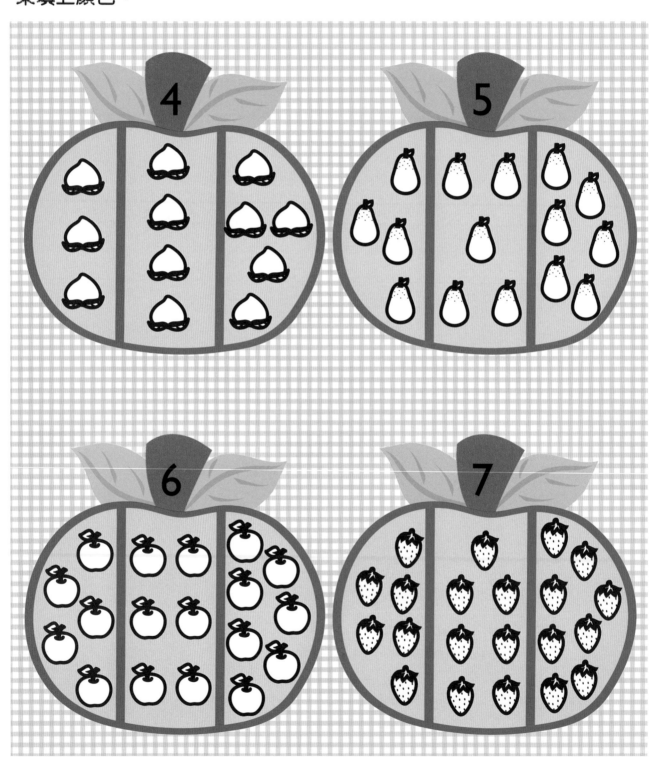

相鄰兩數的關係（七）
掛球衣

請你從卡紙頁剪下球衣活動卡，然後按照球衣上的數字，把活動卡順序貼在每行的衣櫃裏。

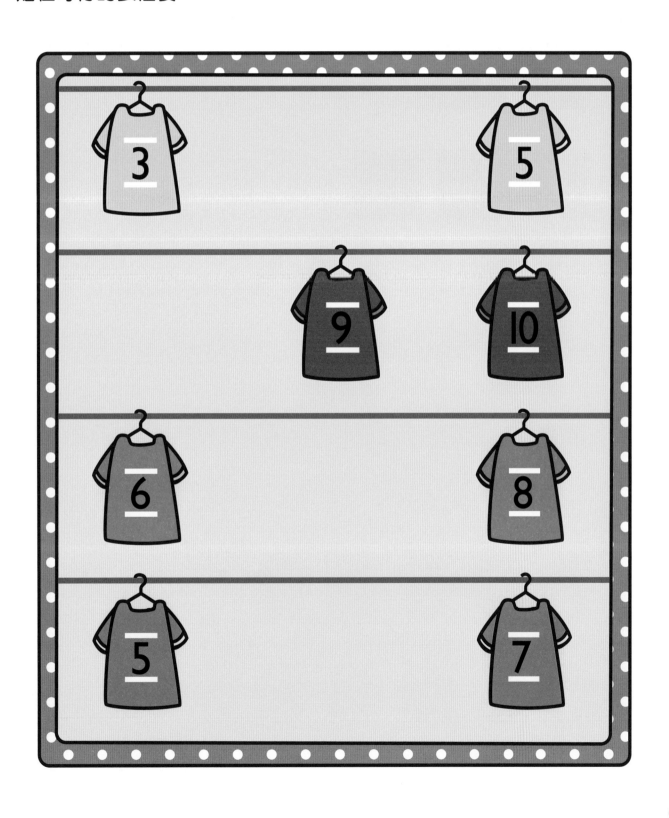

相鄰兩數的轉換遊戲（一）
相鄰數大變身

請你數一數每組圖形的數量，說說是什麼相鄰數，然後給每組圖形再畫多 1 個，變成另一組相鄰數。

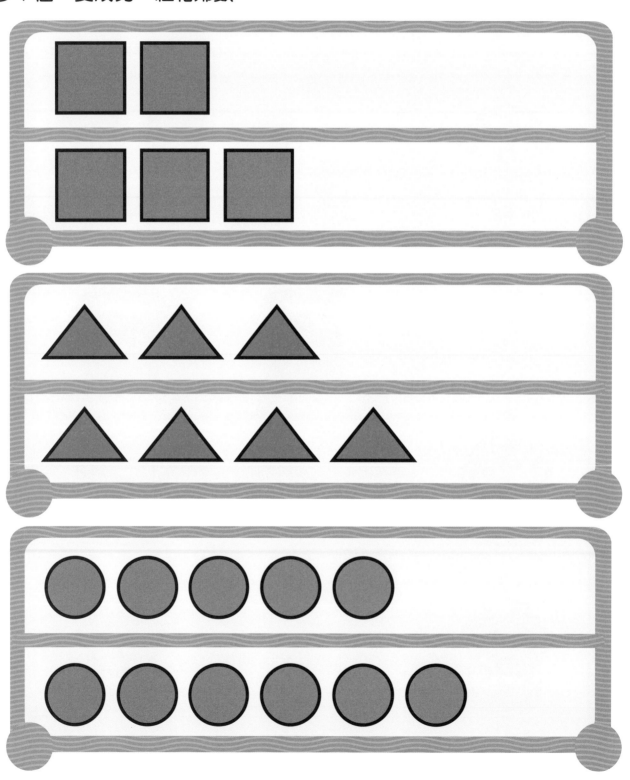

相鄰兩數的轉換遊戲（二）
加一或減一

請你想一想有什麼方法讓下面每組物件的數量變成一組相鄰數，然後說一說你是怎樣做。

①

②

③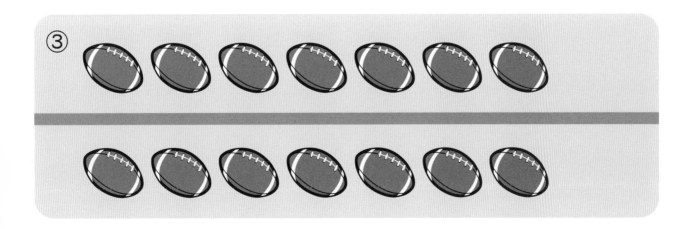

數的守恆（一）
可愛的小青蛙

請你數一數池塘裏和岸上青蛙的數量，如果是一樣多，請把方框填上顏色。

數的守恆（二）
漂亮的小魚

請你看看左右兩邊的小魚，牠們的擺法和位置都不一樣，但數量是一樣嗎？如果是一樣多，便用線把兩組小魚連起來。

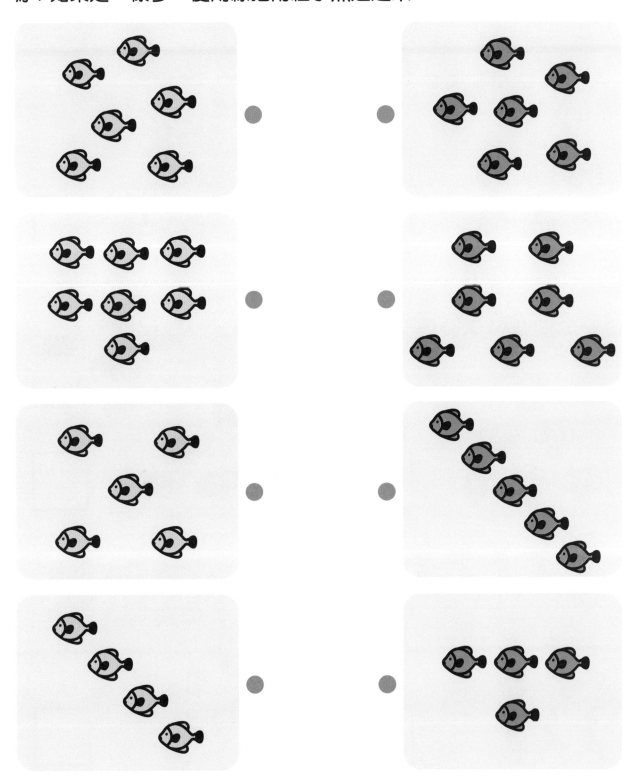

數的守恆（三）
一樣多的昆蟲

下面每組圖畫裏的兩組小昆蟲，擺法和位置都不同，但牠們的數量相同嗎？如果數量相同，請你把該組圖畫的方格填上顏色。

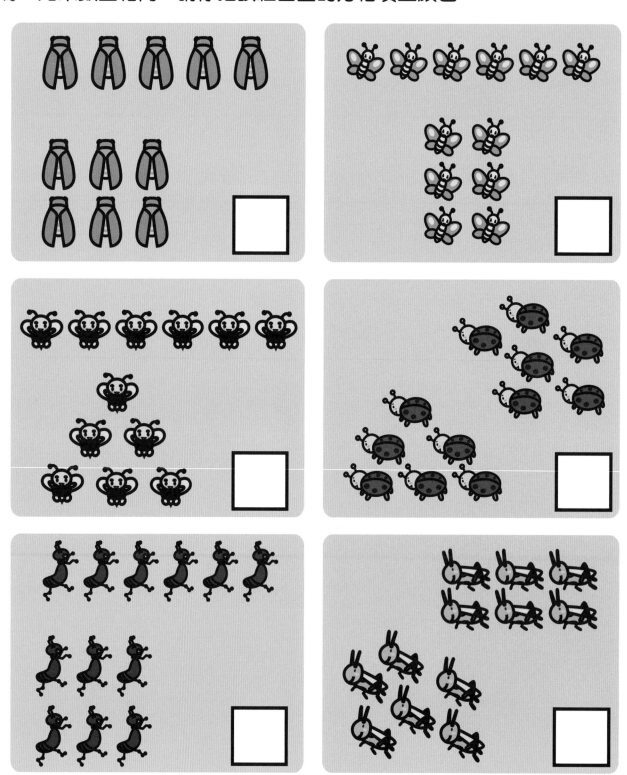

數的守恆（四）
一樣多的用品

請你仔細觀察下面每組物品，它們都一樣多嗎？如果一樣多，請你把方格填上顏色。如果不一樣多，請在方框裏畫上 **✗**。

數的守恆（五）
一樣多的玩具

請你仔細觀察下面每組玩具，它們都一樣多嗎？如果一樣多，請你把方格填上顏色。如果不一樣多，請在方框裏畫上 ✗。

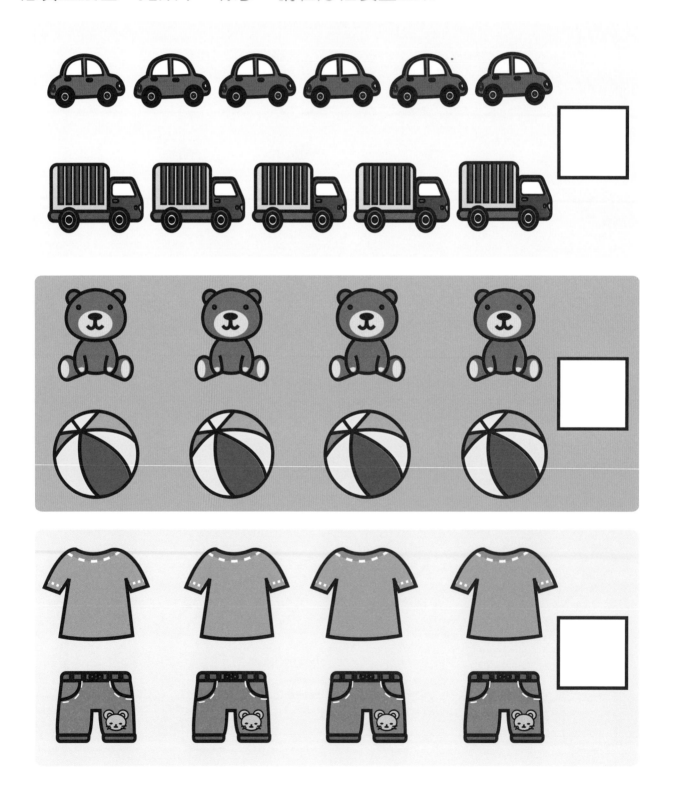

序數遊戲
小動物坐火車

請你按照指示回答問題。

請你從火車頭開始，在每個方格裏填上數字 1-6，然後從前往後數一數，小動物分別坐在第幾個車廂？

請你從火車尾部開始，在每個方格裏填上數字 1-6，然後從後往前數一數，小動物分別坐在第幾個車廂？

數數遊戲（一）
氣球和小花

請你數一數小動物手上氣球的數量，然後幫牠們找出跟氣球數量相同的小花的路線，並把正確的路線畫出來，帶牠們到大樹旁邊。

數數遊戲（二）
數數看

請你數一數每幅圖畫裏有多少個蘋果、葫蘆和花生，然後圈出正確的數字。

8	9	10

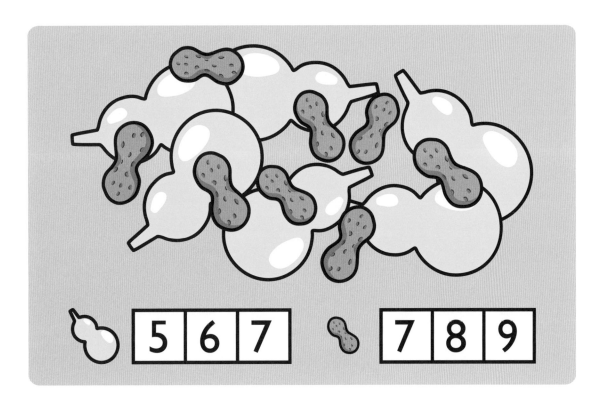

5	6	7

7	8	9

方向遊戲
可愛的熊貓

每組熊貓都是從左往右轉，請你仔細想一想，每組裏少了哪個方向的熊貓，在右邊的圖畫中找出來，然後用線把兩邊熊貓連起來。

規律遊戲
水果排序

請你仔細觀察下面每組水果的排列規律，下一個會是什麼，然後從右邊找出正確的水果，用線把兩邊水果連起來。

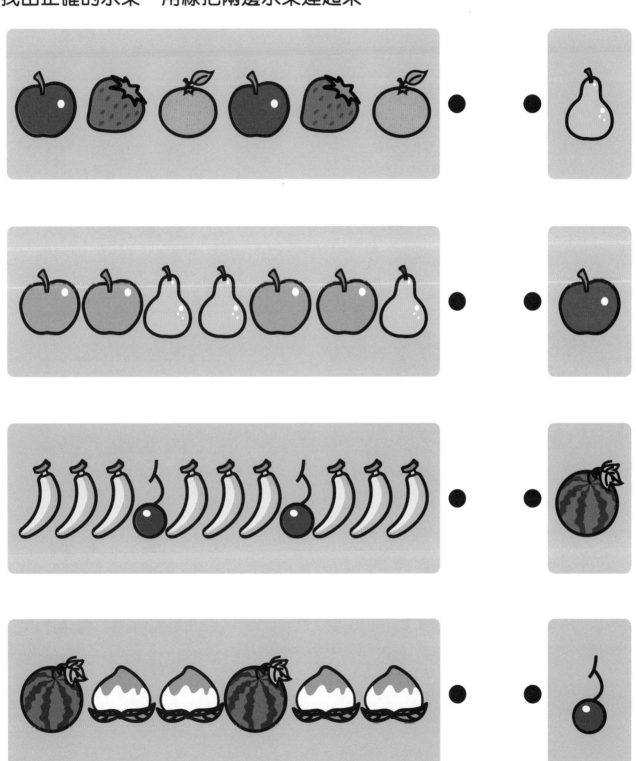

排序遊戲（一）
排列小汽車

請你數一數小汽車上面的圓點數量，然後按照從少到多的順序，用線把小汽車連起來。

排序遊戲（二）
紅蘿蔔和小汽車

請你按照指示回答問題。

請你仔細觀察下面的紅蘿蔔，然後按照從少到多的順序，用數字 1-3 給它們排序，並寫在相配的方框裏。

請你仔細觀察下面的小汽車，然後按照從近到遠的順序，用數字 1-3 給它們排序，並寫在相配的方框裏。

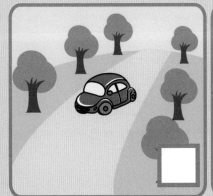

邏輯推理遊戲（一）
找出同類

請你在右邊的圖畫裏找出跟左邊有關的東西，然後用線把兩組圖畫連起來。

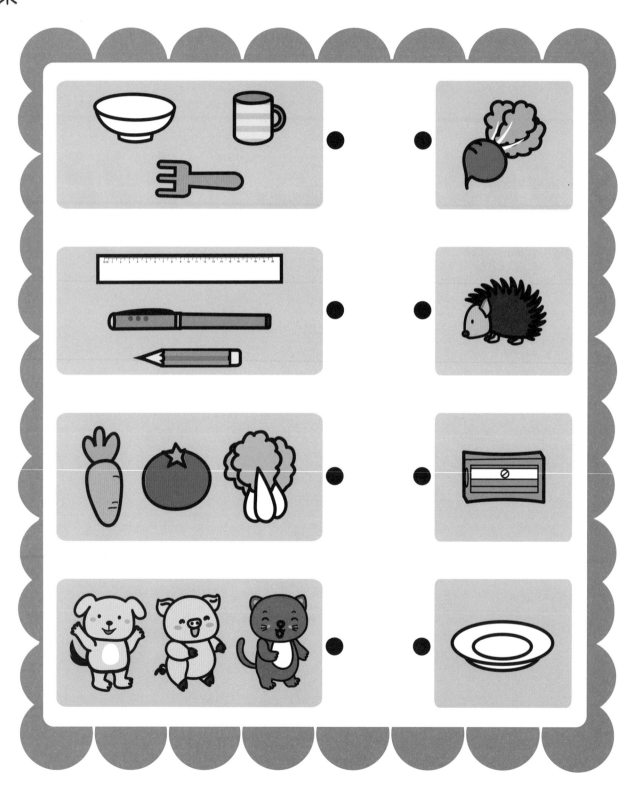

邏輯推理遊戲（二）
小偵探

請你分別在右邊的圖畫裏找出 1 個和左邊圖畫有關係的東西，然後把它圈起來。

答案

第 8 頁

5 像鈎子。

第 9 頁

共 5 隻小狗。

第 10 頁

第 11 頁

第 12 頁

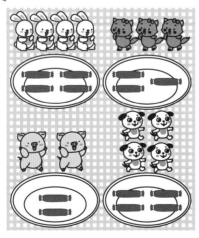

第 13 頁

6 像音符。

第 14 頁

共有 6 隻猴子。

第 15 頁

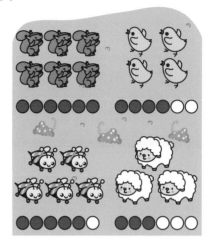

第 16 頁

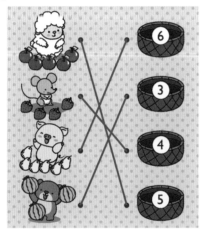

第 17 頁

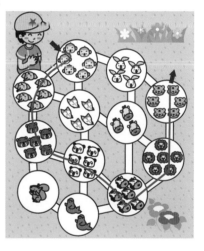

第 18 頁

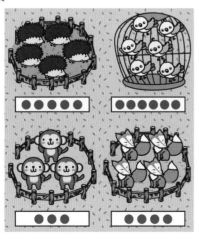

第 19 頁

7 像旗子。

第 20 頁

畫多 1 個檸檬。
畫多 2 個芒果。
畫多 3 個菠蘿。
畫多 4 顆草莓。
畫多 5 個蘋果。
畫多 6 個梨子。

第 21 頁

第 22 頁

第 23 頁

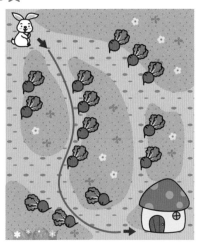

第 24 頁

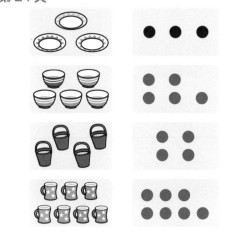

第 25 頁

8 像葫蘆。

第 26 頁

畫多 1 個燈籠。

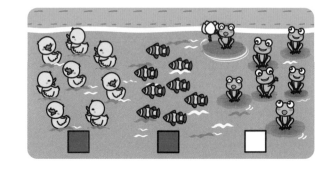

第 27 頁

第 28 頁

第 29 頁

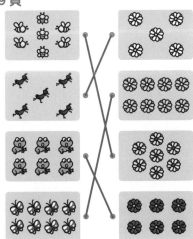

第 30 頁

畫多 1 個圓形。
畫多 6 個梯形。
畫多 3 個三角形。
畫多 2 個六邊形。
畫多 5 個正方形。
畫多 4 個菱形。

第 33 頁

參考答案

第 31 頁

9 像鶴的頸項。

第 32 頁

9 隻動物。

第 34 頁

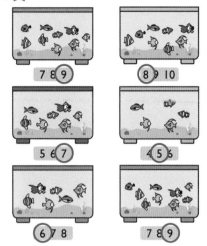

第 35 頁

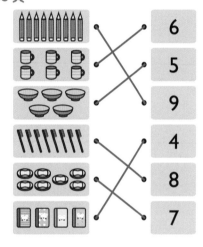

第 36 頁

第 37 頁

第 38 頁

略

第 39 頁

10 像一枝拐仗和一個龜殼。

第 40 頁

10 個小朋友。

第 41 頁

第 42 頁

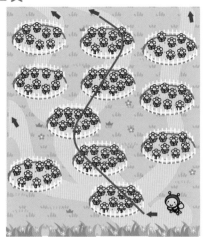

第 43 頁

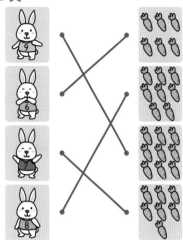

第 44 頁

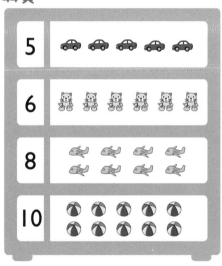

第 45 頁

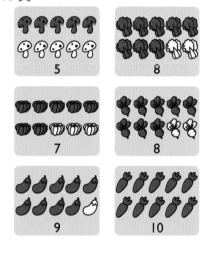

第 46 頁

畫多 6 個菠蘿。
畫多 5 個梨子。
畫多 4 個蘋果。
畫多 3 個桃。
畫多 2 顆草莓。
畫多 1 根香蕉。

第 47 頁

第 48 頁

第 49 頁

第 50 頁

第 51 頁

第 52 頁

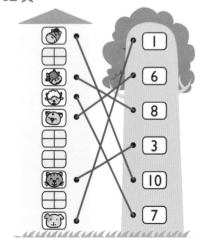

第 53 頁

第 54 頁

第 55 頁

第 56 頁

第 57 頁

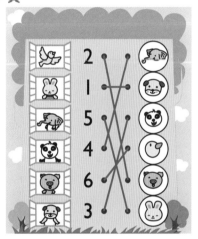

第 58 頁

坐在第 1 排的第 2 個。

坐在第 3 排的第 1 個。

坐在第 2 排的第 4 個。

第 60 頁

第 59 頁

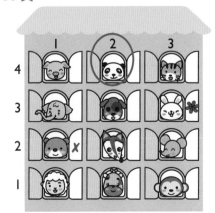

第 61 頁

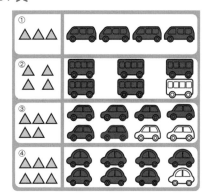

1. 3 和 4
2. 4 和 5
3. 5 和 6
4. 6 和 7

第 62 頁

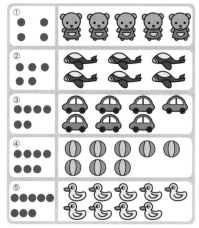

1. 4 和 5　　　2. 5 和 6
3. 6 和 7　　　4. 7 和 8
5. 8 和 9

第 63 頁

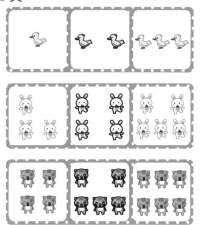

第 64 頁

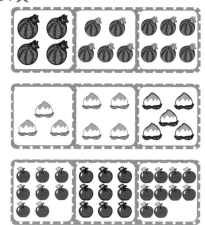

第 65 頁

第 66 頁

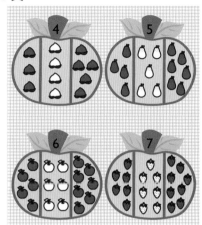

第 67 頁

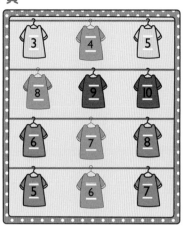

第 68 頁

原本第一組是 2 和 3，第二組是 3
和 4，第三組 5 和 6。

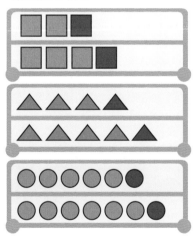

第 69 頁

1. 刪去第一排的一輛巴士，變成相鄰數 4 和 5，
   或在第二排多畫一輛巴士，變成相鄰數 5 和 6。
2. 刪去第一排的一個洋娃娃，變成相鄰數 5 和 6，
   或在第二排多畫一個洋娃娃，變成相鄰數 6 和 7。
3. 刪去第一排的一個欖球，變成相鄰數 6 和 7，
   或在第二排多畫一個欖球，變成相鄰數 7 和 8。

第 70 頁

第 71 頁

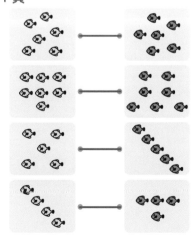

第 72 頁

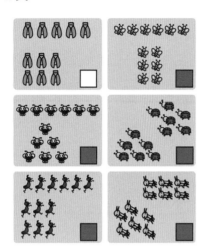

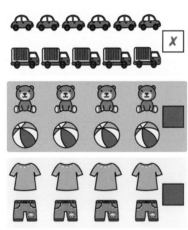

第 73 頁

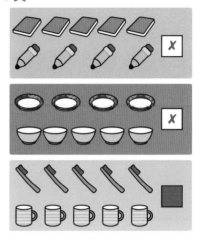

第 74 頁

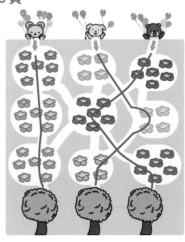

第 75 頁

斑馬坐在第 1 個車廂。小象坐在第 2 個車廂。
小熊坐在第 3 個車廂。獅子坐在第 4 個車廂
長頸鹿坐在第 5 個車廂。老虎坐在第 6 個車廂。

小兔坐在第 1 個車廂。小貓坐在第 2 個車廂。
小狗坐在第 3 個車廂。小豬坐在第 4 個車廂。
小羊坐在第 5 個車廂。小牛坐在第 6 個車廂。

第 76 頁

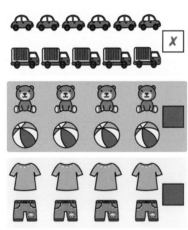

第 77 頁

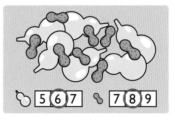

第 78 頁

第 79 頁

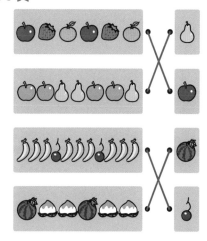

第 80 頁

第 81 頁

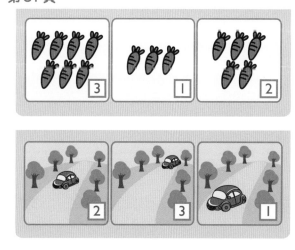

第 82 頁

第 83 頁